图书在版编目（CIP）数据

生命之初 / （法）亨利·默尼耶文 ；（法）樊尚·贝
尔吉耶图 ；王茜译. -- 天津 ：天津人民出版社，
2020.2
　ISBN 978-7-201-15590-6

Ⅰ. ①生… Ⅱ. ①亨… ②樊… ③王… Ⅲ. ①生物—
进化—儿童读物 Ⅳ. ①Q11-49

中国版本图书馆CIP数据核字（2019）第252788号

Au commencement
By Henri Meunier and Vincent Bergier
©2017,Editions du Seuil,Paris.
Current Chinese Translation rights arranged through Divas International,Paris
巴黎迪法国际版权代理（www.divas-books.com）

本书中文简体版权归属于银杏树下（北京）图书有限责任公司
著作权合同登记号：图字02-2019-342

生命之初

SHENGMING ZHI CHU

[法]亨利·默尼耶 文　[法]樊尚·贝尔吉耶 图　王茜 译

出　　版：天津人民出版社
地　　址：天津市和平区西康路35号康岳大厦
邮购电话：（022）23332469
电子信箱：reader@tjrmcbs.com
选题策划：北京浪花朵朵文化传播有限公司
出版统筹：吴兴元
编辑统筹：张丽娜
责任编辑：金晓芸
特约编辑：马　丹　韩　伟
装帧制造：墨白空间·冰雪
营销推广：ONEBOOK
书　　号：ISBN 978-7-201-15590-6
出 版 人：刘　庆
邮政编码：300051
网　　址：http://www.tjrmcbs.com
印　　刷：天津图文方嘉印刷有限公司
经　　销：新华书店经销
开　　本：690毫米×990毫米　1/8
字　　数：20千字
印　　张：4
版　　次：2020年2月第1版
印　　次：2020年2月第1次印刷
定　　价：72.00元

读者服务：reader@hinabook.com 188-1142-1266
投稿服务：onebook@hinabook.com 133-6631-2326
直销服务：buy@hinabook.com 133-6657-3072
官方微博：@浪花朵朵童书

浪花朵朵

生命之初

[法]亨利·默尼耶 文

[法]樊尚·贝尔吉耶 图

王茜 译

天津出版传媒集团

天津人民出版社

最初，什么都没有。

嘿！有人吗？

嘣！爆炸了！

到处都是气体和尘埃。到处都是星球。

我们的地球被岩石覆盖着。地面上有了水，有了火山。

这是一个很好的开始。

我们这里一点儿也不暖和呀！

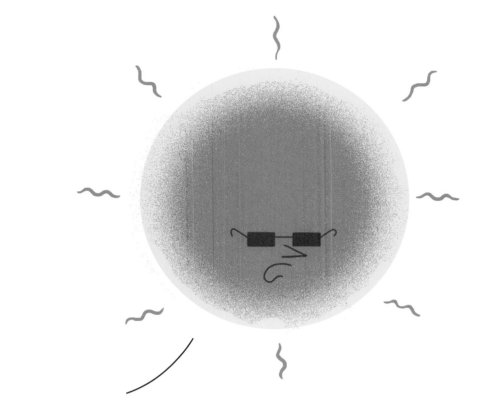

因为你们缺少大气层！大水洼，你可以努力一把！

大气层？你看我像大气层吗？

大气层逐渐聚拢在地球周围。

在太阳的照耀下，地球变得舒服起来。

大海形成后，慢慢变成了细菌的家，数以万计的细菌在大海中遨游。
可是细菌是怎么来的呢？到今天也没有人知道。
但有一件事是可以肯定的：它们一定不是走到大海里的，
因为它们没有脚！

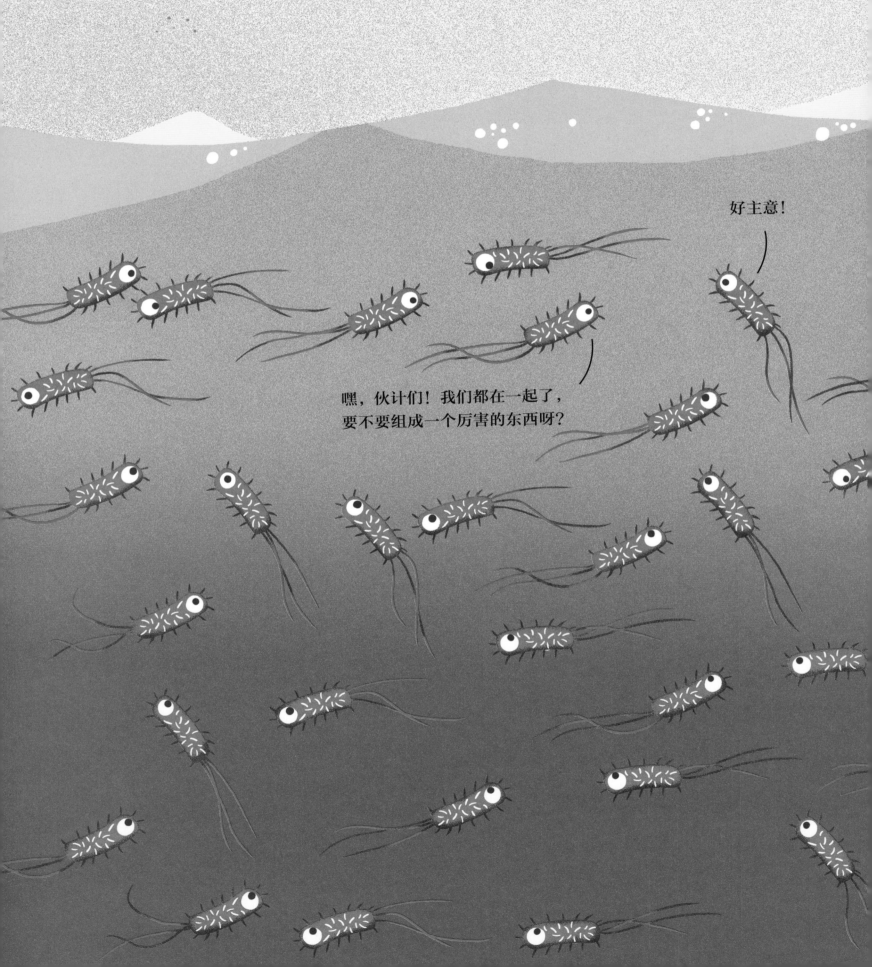

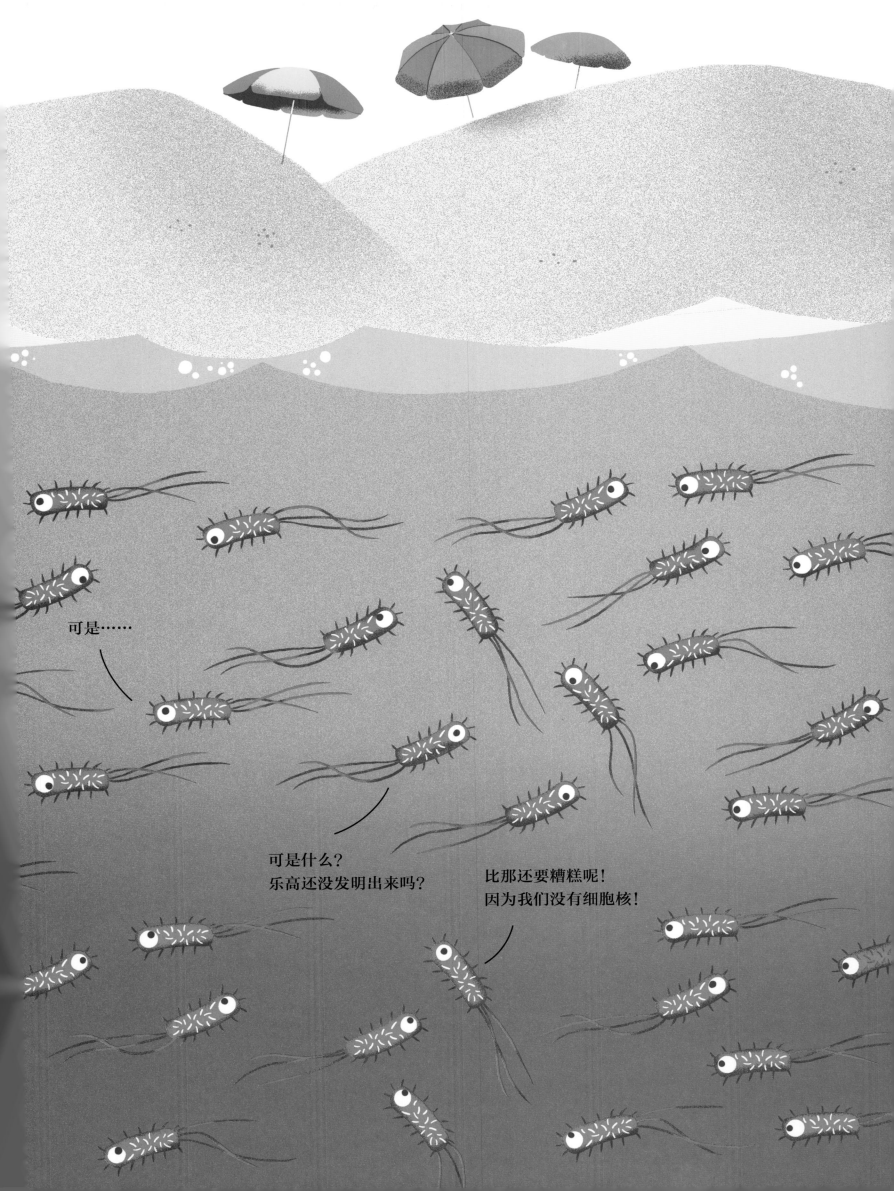

真正的派对开始了。
第一个真核细胞到达派对现场,
它孤身一人在泳池的角落里划水。

嗨，我是真核细胞。
你们怎么样我不知道，反正我挺无聊的。
唉，真是永远不能当第一个到达派对现场的人。

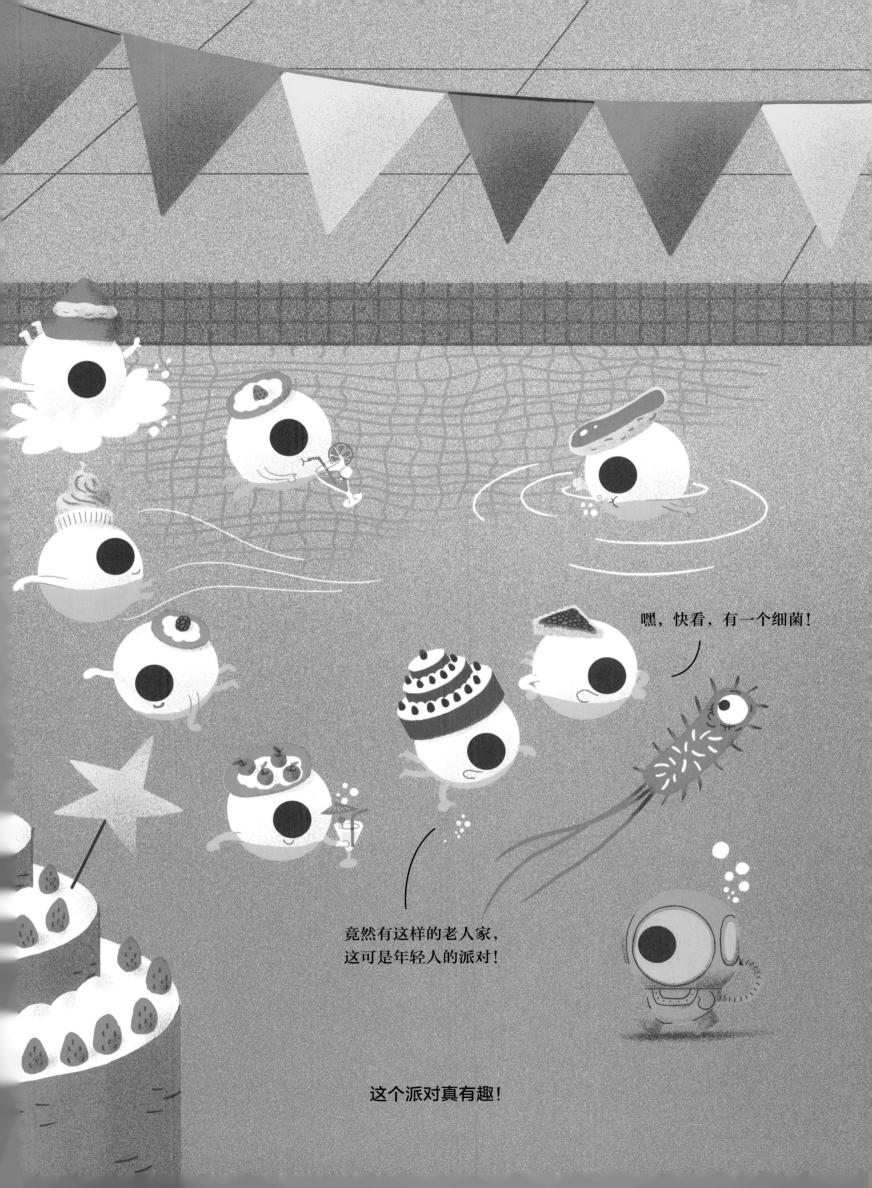

真核细胞们嗨起来了。

它们挤来挤去、互相推搡，场面极度混乱，但这混乱令人愉悦。

它们三个一群、五个一组，小团凑在一起变成大团，大团变成海藻，
其他植物还有水母也陆续出现了。

救命啊！我们黏在一起了，
我们全都黏在一起了！

喂，别挤我！

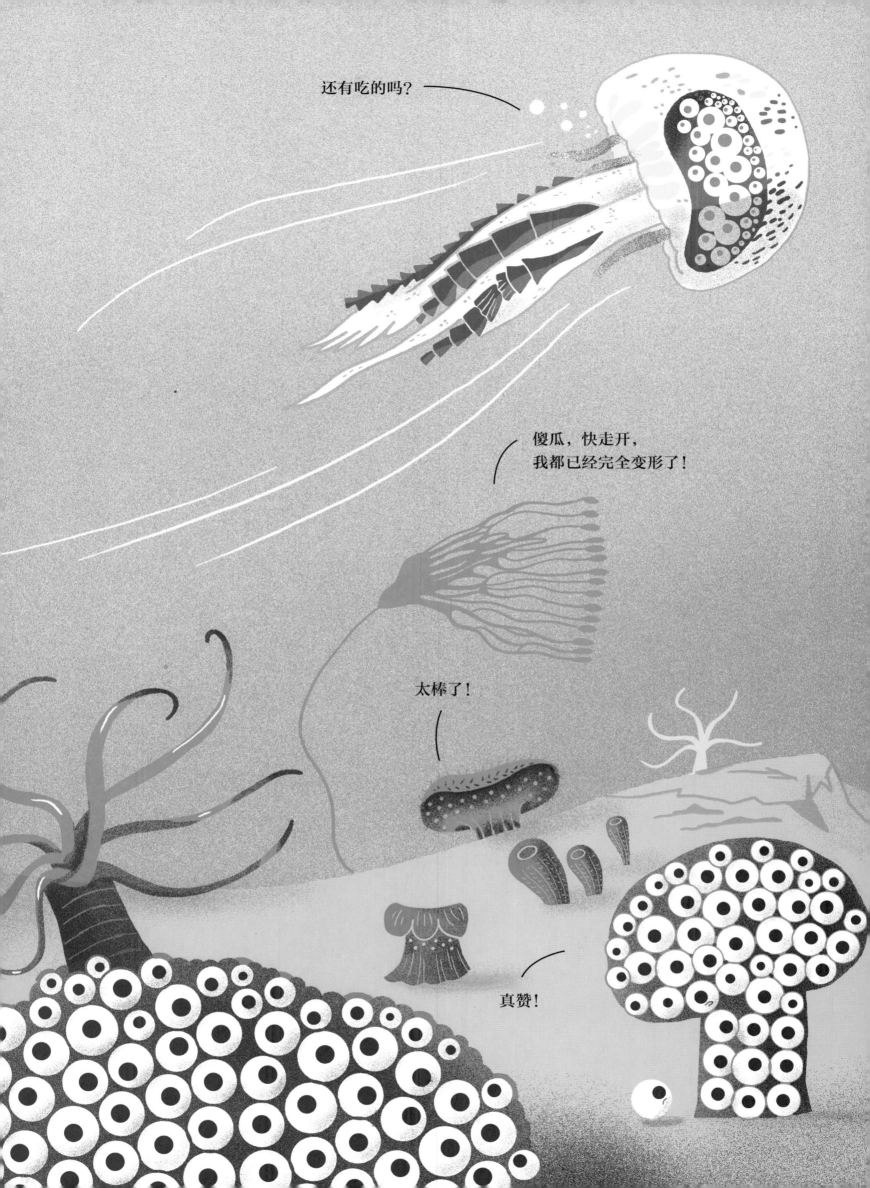

世界变成了一个大马戏团。

嘿！有人在外面吗？

这是马戏团还是怪物展会？

别听达尔文那家伙的。
唯一的规则是：永不进化！

哈哈，我说鹦鹉螺，
你是在加速进化吗？

水里的空间越来越拥挤，
动物们逐渐想要去陆地上看看风景。
但是事情发展的方向有点儿难以控制，
它们之中有的变成了巨大的恐龙，重达16000公斤。
奇奇怪怪的动物越来越多，真是让人难以想象！

在很多很多大恐龙进化着的同时，蚂蚁出现了。

约1.2亿年之后，我们还生活在地球上。
我们虽然小，但是我们的生命力特别顽强。

当然，我们也进化了很多！
白垩纪古蚂蚁是我们现在知道的最古老的蚂蚁。

哇！！！！

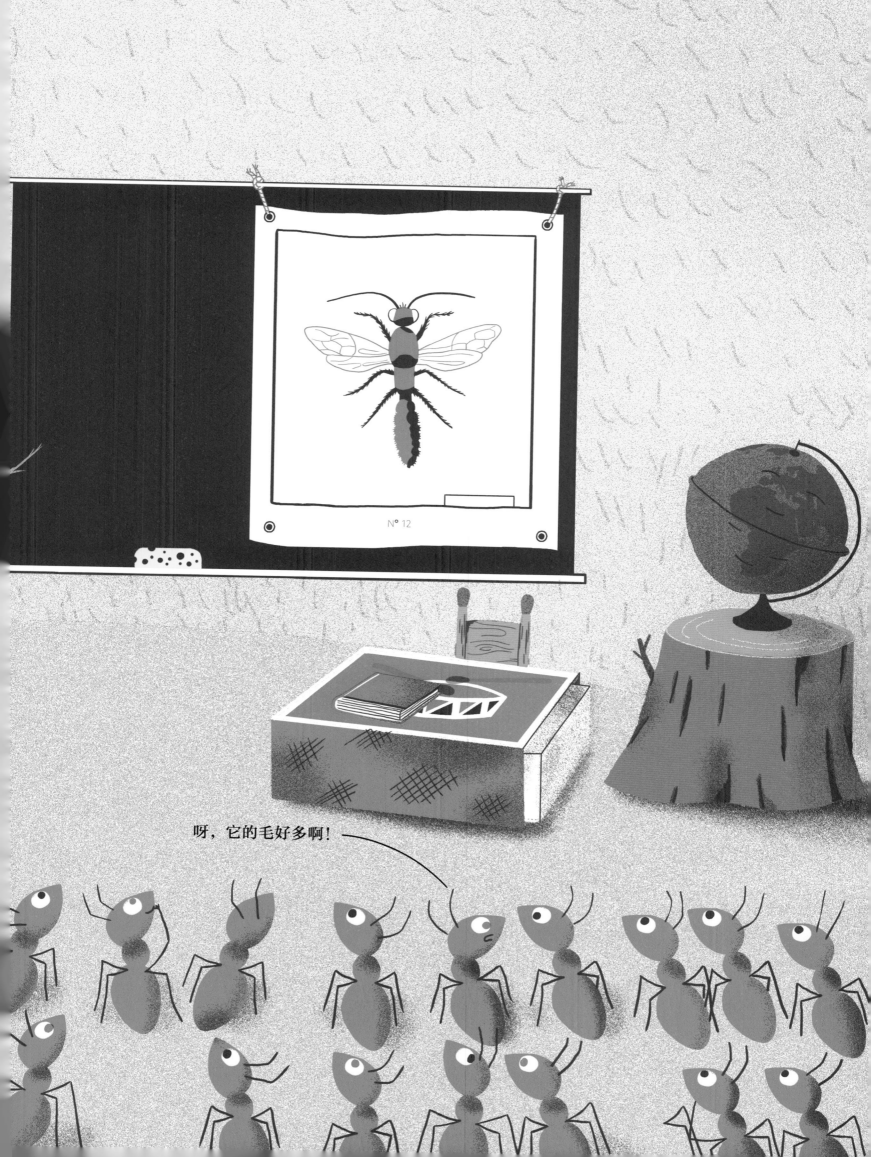

N° 17

老师，在这个古蚂蚁之后，有其他种类的超级动物出现吗？

N° 21

这个问题问得很好！

在我们蚂蚁之后，
其实也没什么特别大的进化发生，
只是出现了一些新的小动物而已。

但是，同学们要注意，进化一直在进行，
它始终没有停止，没准儿22世纪会出现
新的高等生物哟！